NOTICE

sur les

EAUX MINÉRALES

D'ALLEVARD.

NOTICE

SUR LES

EAUX MINÉRALES D'ALLEVARD,

CHEF-LIEU DE CANTON,

Arrondissement de Grenoble (Isère),

PAR LE

D.ᴿ CHATAING.

GRENOBLE,

IMPRIMERIE DE F. ALLIER, GRAND'RUE, COUR DE CHAULNES.

MARS 1838.

NOTICE

SUR LES

EAUX MINÉRALES D'ALLEVARD,

Chef-lieu de Canton,

ARRONDISSEMENT DE GRENOBLE (ISÈRE),

PAR LE

D.ʳ CHATAING.

Les eaux minérales sont devenues un besoin du siècle; les souverains, les princes, les riches, les négociants et les hommes de toutes les classes, s'empressent, pendant la belle saison, de se rendre dans diverses contrées de l'Europe, soit pour raffermir une santé chancelante ou délabrée, soit pour s'y livrer à la distraction.......

Les peuples les moins civilisés, les persans, les chinois, les indiens, les égyptiens ont des sources où ils vont puiser la santé...... N'est-ce pas là une preuve incontestable de leur efficacité thérapeutique !

TAVERNIER.

Manuel des eaux minérales.

EAUX MINÉRALES

D'ALLEVARD.

—————

La source de ces eaux salines et sulfureuses se trouve à l'extrémité sud-est d'Allevard, sur la rive gauche d'une petite rivière appelée *Breda*, près le chemin qui conduit à un haut fourneau de fusion pour le minerai de fer ainsi qu'aux communes de Pinsot et de la Ferrière. Ces eaux sourdent d'un calcaire contenant des bélemnites et des ammonites, dont les interstices sont argileux, au travers de diverses fentes et par plusieurs filets qui se réunissent dans un réservoir en forme de puits, lequel a été creusé tout exprès pour aller les rechercher dans un point où elles fussent à l'abri de tout mélange avec l'eau de la rivière. Ces filets donnent un total de plus d'un pouce cube, et ne sont pas les seuls qu'on puisse se procurer.

Elles sont extraites du réservoir par le moyen

d'une pompe mue par une roue qui reçoit son mouvement d'un courant d'eau emprunté à la rivière.

Leur chauffage se fait à la vapeur dans des appareils tout-à-fait semblables à ceux inventés par le docteur Billerey, pour le service de l'établissement thermal d'Uriage.

C'est dans l'endroit désigné plus haut qu'il avait été créé, depuis quelques années, un petit établissement de bains et de douches. Mais cette localité, où règne constamment un courant d'air frais et humide, était aussi trop circonscrite pour permettre le développement que nécessitait l'affluence toujours croissante des baigneurs. Le propriétaire, d'ailleurs, n'en avait pas les moyens.

Maintenant, MM. Dorel et Rivoire viennent d'en acquérir la propriété dans l'intention de conduire les eaux dans un local qui offre tous les avantages qu'on peut désirer pour un établissement de ce genre, tels que proximité d'un bel hôtel et des principales auberges, exposition au midi et absence de tout courant d'air nuisible ; esplanade pour parterres et promenades, vue assez étendue et très pittoresque ; voisinage d'un ruisseau et de prairies, avenue de la route de Goncelin, etc.

L'exécution de cette entreprise, pour laquelle on s'est pourvu d'une autorisation du Gouvernement, se poursuit avec une telle activité, qu'il est permis d'assurer que l'on y trouvera, dès la saison prochaine, trente cabinets bien confectionnés pour bains et douches.

Nous ferons remarquer ici que ces constructions se faisant d'après un plan bien médité, dirigé sur les indications du médecin - inspecteur des eaux minérales du département, offriront un ensemble corrélatif qui ne se rencontre que bien rarement dans les établissements de ce genre, dont la plupart ne se forment souvent que de pièces sans rapports et placées les unes à côté des autres au fur et à mesure que le besoin s'en fait sentir. C'est ainsi que les cabinets de douches communiqueront avec les bains collatéraux, de manière que les malades auxquels on voudra administrer ces deux moyens l'un après l'autre, ce qui arrive souvent, ne seront pas obligés de s'habiller et de traverser une cour ou un corridor, s'exposant ainsi à de graves inconvénients.

Les douches seront aussi disposées de manière qu'elles puissent être administrées avec toutes les modifications qui peuvent leur procurer l'efficacité que l'on a droit d'attendre d'une médication aussi active qu'utile. Ainsi, l'action de ce moyen étant en raison de la température de l'eau et de la hauteur de sa chute, de même que du diamètre de la forme et de la direction des tuyaux, l'on a combiné ces conditions et pris assez de précautions afin que chaque douche pût offrir au médecin des ressources variées pour les divers cas qui se présenteront.

Il est bien entendu que l'on aura aussi à sa disposition de l'eau commune afin de se préparer au

traitement thermal par des bains domestiques , ou
bien pour mitiger l'eau minérale lorsque le médecin
le jugera convenable ; précaution qu'il a souvent
l'occasion d'employer chez les personnes très nerveuses, surtout au début.

Propriétés physiques.

Examinées à la source , ces eaux paraissent noires ,
quoiqu'elles soient transparentes. Cette apparence
leur est communiquée par le dépôt ardoisé , assez
abondant, qui se trouve au fond du réservoir et de
la rigole d'écoulement. Ce dépôt paraît doux au
toucher ; il contient un peu de sulfure de fer, mais
il est presque entièrement formé par le calcaire
que l'eau use en le traversant. Elles exhalent une
forte odeur d'œufs pourris due à la grande quantité
d'hydrogène sulfuré qu'elles contiennent.

Leur saveur , légèrement saline , est d'abord
nauséabonde et repoussante , mais on s'y habitue
bien vîte. Leur température est constamment de 14
à 16° *Réaumur*. Elles ne pèsent guère au-delà d'un
gramme par litre de plus que l'eau pure. La source
dégage continuellement et à de courts intervalles de
grosses bulles d'acide carbonique , mêlé d'un peu
d'azote.

Propriétés chimiques.

Une pièce d'argent bien propre qu'on y plonge

brunit et noircit en quelques minutes. Elles donnent un précipité abondant par les dissolutions d'acétate de plomb, de nitrate d'argent, etc., se recouvrent d'une pellicule blanchâtre et se troublent légèrement au contact de l'air, sans déposer de sédiment, quoiqu'elles dégagent une forte odeur sulfureuse ; ce qui prouve qu'elles perdent peu et que l'acide hydro-sulfurique, retenu en dissolution, y adhère fortement. On sait, en effet, qu'il suffit d'une petite quantité de ce gaz en expansion dans l'air pour lui communiquer une odeur bien prononcée. D'ailleurs, s'il en était autrement, les abords de la source seraient-ils sans danger, quand une fraction de grain de ce gaz peut donner la mort à un animal très fort....? Les acides n'y produisent aucun précipité. Leur mélange à l'eau de la rivière produit à la longue, sur les cailloux, un dépôt blanc grisâtre, doux au toucher, formé de sulfate et de carbonate de chaux très divisés et mêlés de soufre.

L'analyse en a été faite anciennement par M. *Trousset*, médecin et professeur de chimie à Grenoble. Je la fis plus tard, et elle a été renouvelée en 1824 par M. le docteur *Breton*. Ces analyses, qui variaient fort peu, n'étaient qu'indicatives des principes constituants. Aujourd'hui MM. Gueymard, ingénieur des mines et Breton, doyen de la Faculté des sciences de Grenoble, viennent de faire connaître, après une opération plus complète, les proportions de chacun de ces principes.

Un litre a donné :

M. Gueymard.

	Grammes,
Argile	0,089
Carbonate de chaux	0,332
Carbonate de Magnésie	0,032
Sulfate de chaux	0,055
Sulfate de magnésie.	0,215
Sulfate de soude.	0,289
Chlorure de sodium.	0,416
Acide carbonique, quantité indéterminée . . .	
Proto-sulfalte de fer et azote, des traces. . . .	
	1,428

M. Breton.

Acide hydro - sulfurique libre , 14 centimètres cubes (1).

Propriétés médicales

Il semblerait au premier abord , que quand on s'adresse à des médecins après avoir énuméré les

(1) Cette analyse faite par des hommes de science , et qui , par leur position , doivent inspirer toute confiance et offrir toutes les garanties désirables , cette analyse, dis-je, révèle suffisamment à tous les médecins éclairés que cette eau doit exercer une action puissante et salutaire sur le système dermoïde en les employant à l'extérieur en bains , en douches et sous forme de vapeur , de même qu'à l'intérieur administrée en boisson , elle doit jouir de propriétés stimulantes, apéritives, sudorifiques et diurétiques. *Note du docteur Billerey, inspecteur des eaux minérales du département de l'Isère.*

propriétés physiques et chimiques d'une eau minérale, et surtout après avoir fait connaître le résultat
de l'analyse chimique opérée par des personnes dignes
d'inspirer la plus grande confiance, il semblerait,
dis-je, qu'il serait superflu d'en indiquer les propriétés thérapeutiques. Mais, depuis long-temps les
praticiens savent qu'il n'y a pas toujours accord entre
l'analyse chimique et la vertu des eaux, c'est-à-dire,
qu'il en est qui donnent plus qu'elles ne promettent,
et *vice versâ :* d'où ils concluent que ce n'est pas la
prédominence de quelques grains de leurs principes
minéralisateurs qui détermine toujours leur plus
grande efficacité, et que celle-ci dépend bien plus
souvent de la manière dont la nature a combiné ces
matériaux dans son vaste et secret laboratoire.

De cette observation découle la nécessité d'accorder
une certaine importance à l'analyse clinique, ou en
d'autres termes à l'indication des cas où elles se sont
montrées efficaces sous les yeux des médecins qui ont
eu l'occasion de les expérimenter. Or, quoique les
eaux d'Allevard n'aient qu'une réputation naissante,
elle n'est pas moins fondée sur de nombreuses cures
obtenues dans l'espace d'environ vingt-cinq ans sur
des malades du pays, ou envoyés par les médecins
des environs, et dirigés par mon père, par mon
collègue Duplat et par moi.

Je dirai donc que ces eaux, employées en boisson,
en bains, en douches, en lotions, se sont montrées
d'une éminente efficacité contre les douleurs rhuma-

tismales et toutes les maladies de la peau *arrivées à l'état chronique ;* contre les engorgements articulaires, la raideur des membres, les engorgements lymphatiques, les ankyloses commençantes et incomplètes, les difformités rachitiques non invétérées, les écrouelles, la chlorose ; contre une foule de maladies internes provenant très souvent d'une métastase ou rétrocession rhumatismale, goutteuse, dartreuse ou galeuse, telles que la gastralgie, la gastro-entéralgie, la dyspepsie, l'hypochondrie, l'asthme, les maladies catarrhales chroniques, les palpitations du cœur, soit nerveuses, soit causées par l'endocardite et simulant l'anévrisme, la leucorrhée par relâchement, l'engorgement du col de la matrice par inflamation chronique, celui de la glande mammaire, du foie, de la rate, etc.

Parmi les malades du pays qui offrent des cures remarquables, et que je puis donner comme des preuves irrécusables de la vérité de mes assertions, puisqu'on peut les voir et les interroger, je citerai, 1° la veuve *Rambaud*, guérie en peu de jours par les bains d'un rhumatisme articulaire, contracté dans l'état puerpéral, et qui l'avait contrainte de marcher avec des béquilles pendant plusieurs mois.

2° La veuve *Gouront*, débarrassée, à l'aide de quelques bains, d'une douleur sciatique passée à l'état chronique après avoir résisté au traitement le plus rationnel.

3° Le nommé *Coupon*, cafetier, délivré, au moyen

des bains, d'un rhumatisme articulaire chronique avec engorgement dans toutes les articulations.

4° Le jeune *Bouffier*, militaire réformé pour un engorgement considérable du genoux, avec ankylose presque complète, suite d'une arthrite aigüe amenée par un contre-coup, à qui les douches et les bains ont rendu la presque entière liberté du mouvement, en faisant disparaitre les deux tiers de l'engorgement; succès qui permet l'espoir d'une entière guérison pour cette année.

5° La fille *Perrin-Turenne*, atteinte d'une arthrite coxo-fémorale chronique avec engorgement et claudication, portés à un très haut degré, et qui, par l'effet des bains, des douches, est parvenue à marcher avec aisance et sans appui, ce qu'elle n'avait pu obtenir de quatre à cinq saisons passées aux eaux d'Aix en Savoie.

6° Un négociant Lyonnais, natif de ce pays-ci, atteint d'une arthrite coxo-fémorale chronique, avec engorgement des parties voisines, gênant beaucoup la marche et causant des douleurs à chaque variation athmosphérique, qui a éprouvé un si grand bienfait des douches dans une première saison, qu'il y est revenu l'année suivante pour assurer sa guérison.

7° M. Tissot, maire de la Chapelle-du-Bard, commune voisine, à propos duquel je reproduirai ici ce que m'a écrit M. Billerey, dont j'aime à invoquer l'autorité.

« Oui, Monsieur, je connais les eaux minérales
» d'Allevard, et je dois leur connaissance à votre
» père, qui me conduisit à la source il y a vingt-
» quatre ans, à la suite d'une consultation où j'avais
» été appelé. Je vous dirai plus, c'est qu'au moment
» où nous revenions de la gorge, M. Tissot, maire
» de la Chapelle-du-Bard, se présenta à moi,
» traîné en voiture et perclus de tous ses membres,
» avec d'énormes engorgements articulaires. Il avait
» appris mon arrivée dans votre pays, et il était
» venu me consulter. Je lui conseillai aussitôt, et
» comme par inspiration, de rester à Allevard pour
» y prendre des bains de cette source, en faisant
» chauffer une partie de l'eau. Il suivit mon
» conseil, et au bout d'un mois il vint me voir à
» Grenoble, à pieds et complètement guéri (1). »

Cette observation, que je cite la dernière, est
dans le fait la première tentative qui ait été faite
sur l'eau d'Allevard, sous forme de bains. Il résulte,
en effet, des documents qui sont de notoriété publi-
que dans le pays, que c'est le docteur Billerey qui
a eu la première inspiration d'employer cette eau
à l'extérieur, et que ce fut aussi le succès prodi-
gieux qu'il obtint de ce mode d'administration,

_____

(1) Ici se présente une réflexion qui n'est pas sans intérêt : si
ces eaux ont agi avec autant d'efficacité lorsquelles étaient
chauffées à feu nu et dans des vases découverts, que ne doit-
on pas en attendre aujourd'hui qu'elles le sont dans des appareils où l'art s'est exercé à en prévenir la moindre altération !..

qui fixa dès ce moment l'attention du public et des médecins sur la valeur de cette précieuse source. Cependant, à raison de la difficulté d'isoler et de sortir cette eau du local ingrat et rocailleux dans lequel elle surgissait, ce n'est que depuis peu d'années que l'affluence des malades a déterminé le propriétaire à créer le petit établissement qui va prendre aujourd'hui le développement dont nous avons parlé.

J'aurais pu multiplier mes citations de guérisons pour les maladies externes, mais elles n'ajouteraient rien à la valeur de celles que j'ai faites. Je regrette seulement que la discrétion me fasse un devoir de ne pas soulever le voile qui cachera toujours les succès non moins remarquables qui ont été obtenus dans le traitement de maladies qui font la désolation de tant d'individus. L'on a déjà compris que je veux parler des affections de la peau et de l'utérus. Mais les médecins s'en feront certainement une idée bien juste, en réfléchissant à la nature des eaux.

Mode d'emploi et manière d'agir.

Les douches de douze à quinze minutes même à une chaleur tempérée, amènent toujours une excitation assez vive, suivie d'une sueur plus ou moins abondante qu'il faut favoriser par le séjour au lit durant une demi-heure ou trois quarts d'heure, et par la boisson d'une verrée d'eau sucrée chaude,

ou d'infusion de fleurs de tilleul ou encore en
prenant un bouillon.

Ces eaux, prises en bains ou en boisson même
à petite dose, produisent également, dès les pre-
miers jours, une excitation générale qui ne tarde
pas à se calmer, mais qui mérite d'être observée
avec soin chez les personnes irritables qui s'en in-
quiéteraient, si elles n'en étaient pas averties, ou
qui se rebuteraient si on ne modérait cet effet en
mitigeant, soit le bain, soit la boisson. Il y a, dans
ce cas, un sentiment de chaleur à l'épigastre et à
la peau, agitation pendant la nuit, soif, défaut
d'appétit et constipation. Mais du troisième au cin-
quième jour, quelquefois plus tôt, rarement plus
tard, l'appétit se réveille et devient fort, le ventre
s'ouvre, la moiteur s'établit à la peau, les urines
coulent abondamment et le sommeil revient suivi
d'un sentiment remarquable de bien-être et d'énergie.

Elles ne deviennent laxatives, pour le plus grand
nombre d'individus, qu'à la dose de 10, 12 et
même 15 verrées. On conçoit, d'après ce que je
viens de dire, qu'il convient rarement de les con-
seiller à cette dose, quand on veut ménager l'estomac ou éviter une trop vive excitation. Aussi je ne
les prescris le plus souvent en boisson, qu'à titre
de médicament altérant (1) et dépuratif. Il suffit

(1) On appelle médicament altérant celui dont les bons effets
se manifestent sans produire de trouble sensible dans les fonc-
tions.

alors d'en faire prendre de deux à six verrées dans
la matinée, à un quart d'heure ou demi-heure
d'intervalle, suivant la manière dont l'estomac s'en
accommode. On peut aussi, dans quelques circons-
tances, les mitiger en les coupant avec une petite
dose de lait.

Dans les cas où le besoin de purger se présente,
il est préférable de rendre plus laxative une petite
quantité d'eau, par l'addition de quelques grammes
de sulfate de magnésie, ou mieux encore, d'avoir
recours à un autre purgatif doux.

Cette faible action purgative de l'eau minérale
déplaît, je le sais, aux malades qui ne jugent de la
vertu d'un médicament que par ses effets sensibles,
et qui vont demander aux eaux ce qu'ils auraient
attendu de l'Élixir anti-glaireux ou du remède de
Leroi. Ces individus abondent ordinairement auprès
des sources d'eau minérale saline. Ce sont eux qui
peuplaient Uriage avant le service rendu par le
docteur Billerey, d'y créer, avec l'intervention de
l'autorité, par de persévérants efforts, l'établissement déjà célèbre qui y est fondé depuis 1821.

C'est encore là que, suivant l'ancienne routine,
beaucoup se gorgent d'eau et se purgent à outrance,
à l'insu du médecin, et se promettant bien de recom-
mencer le lendemain, pour se débarrasser du restant
de ces glaires et de cette bile dont ils viennent de
rendre une si grande quantité. Comment, après un

tel effet, ne seraient-ils pas enchantés d'avoir eu l'heureuse idée de se passer des conseils du médecin ou de lui avoir désobéi ? Tant d'humeurs évacuées n'auraient-elles pas été les germes d'une foule de maladies ? Ainsi, raisonneront toujours ceux qui ne savent pas que l'homme le plus sain peut avoir des évacuations du même genre, parce qu'elles sont le produit immédiat de l'action du purgatif sur le tube intestinal.

Mais dans le nombre de ceux qui agissent si imprudemment, plusieurs contractent des irritations gastro-intestinales dont ils n'ont pas toujours le bonheur de se débarrasser. C'est aussi contre cet abus que je voudrais prémunir les buveurs, en leur montrant le danger et en cherchant à les convaincre que ce n'est pas en purgeant que les eaux sulfureuses produisent leurs heureux résultats. Ils se tromperaient, en effet, grandement, s'ils croyaient que c'est pour se purger qu'on se rend aux sources si renommées et si fréquentées de *Barèges*, de *Cauterets*, de *Bagnères-de-Luchon*, du *Mont-d'Or*, d'*Aix* en Savoie, de *Loëche* en Valais, etc.

Il nous reste à parler des eaux sous le rapport hygiénique, car tout le monde convient que leurs bienfaits sont souvent favorisés par les voyages, la distraction et le changement d'air. En effet, si les charmes d'un beau site influent peu sur la guérison d'un rhumatisme, d'une ankylose ou de quelque autre affection de ce genre, combien ne favorisent-ils pas celle des maladies nerveuses et d'une foule de dérangements internes....? C'est donc ici le cas d'indiquer les avantages que peut offrir notre localité sous ce point de vue.

Le bourg d'Allevard possède dans son sein et dans son territoire tous les éléments les plus féconds et les plus propres à assurer la prospérité d'un établissement thermal, alimenté d'ailleurs par une source bienfaisante et salutaire :

1º Dans son sein, il réunit une population agglomérée de 1,700 habitants, la plupart propriétaires, pouvant recevoir des pensionnaires et louer des appartements ; ce qui, outre des auberges dispersées dans l'endroit, et le bel hôtel situé à côté du bâtiment des bains, fournit à chacun suivant ses moyens des ressources abondantes pour le logement et l'alimentation à des prix que la concurrence maintiendra toujours à un taux modéré.

2º Quant au territoire d'Allevard, c'est-à-dire aux localités environnantes, tout le monde sait déjà que ce pays est depuis long-temps en possession d'une célébrité européenne bien méritée, par la beauté de ses sites, l'abondance des minéraux que renferment ses montagnes, ses usines multipliées ; enfin, par les variétés admirables de son sol merveilleusement accidenté qu'embellit et que vivifie sa rivière aux nombreuses et belles cascades.

Cette terre est même devenue, depuis quelque temps, tellement classique pour les beaux arts et

les sciences, qu'il n'est pas rare d'y rencontrer
réunis, jusqu'à 25 peintres des plus célèbres ainsi
qu'un nombre plus ou moins élevé de grands natu-
ralistes. C'est ainsi qu'elle a déjà été scrutée par les
savantes recherches de Villars, de Guettard, de
Faujas, du célèbre Élie de Beaumont, de Victor
Jacquemond, etc.

Enfin, les étrangers auront à visiter une foule de
curiosités que je ne puis qu'indiquer ici, savoir :

1° Les belles fonderies de fer de M. Giroud père,
(1) l'une à cinq minutes du bourg, l'autre à une
heure, dans la commune de Pinsot, au-dessus de laquelle se trouve le glacier perpétuel de Gleyzin. C'est
près de la première qu'il faut voir la gorge et les cascades *dites du bout du monde*, qui viennent de four-
nir à un peintre habile le sujet d'un tableau acquis
par le Gouvernement ;

2° La jolie montagne de *Brame-Farine*, que l'on
peut gravir en une heure, et du haut de laquelle la
vue s'étend sur toute la vallée du Graisivaudan et sur
une belle partie de la Savoie, et d'où l'on voit le
bassin dans lequel est située la ville de Chambéry,
quoique éloignée de quatre lieues ;

3° Les grottes de la Jeannote, situées dans le
rocher, à une demi-heure du bourg, dans l'une
desquelles on trouve de la glace en été.

(1) C'est dans ces usines où l'on coule le précieux minerai
de fer.

4° Le beau pont en pierres, appelé *pont du Diable*, que l'on traverse avant d'arriver aux ruines de la Chartreuse de Saint-Hugon, en Savoie, où il existe un haut fourneau de fusion pour le fer.

5° Le *pont Haut*, situé à une heure et demie d'Allevard, dans un endroit très pittoresque ;

6° La montagne de Sept-Laux, ou des sept lacs, encore appelée montagne abîmée, déjà visitée, tous les ans, par un grand nombre d'étrangers, et sur laquelle les propriétaires se disposent à faire bâtir incessamment une habitation, où l'on trouvera à être hébergé commodément et à manger les truites saumonées que l'on y pêche, durant tout l'été, pour les apporter à Allevard ;

7° Les pics du grand Charnier, du sommet desquels se développe un immense horison, et d'où l'on aperçoit à la fois les glaciers du Mont-Blanc, le lac du Bourget et une grande partie du cours du Rhône ;

8° La cascade de la Ferrière, appelée le *Pichou*, formée par l'eau venant de quelques-uns des lacs de Sept-Laux, et tombant au moins de six cents pieds de hauteur, sous forme de poussière ;

9° Les ruines du château Bayard, où l'on voit encore quelques restes de la chambre qui fut le berceau du chevalier sans peur et sans reproche, et où l'on arrive, en deux heures, par une route nouvelle, sur le trajet de laquelle on doit remarquer la vieille tour du Treuil, le lac de Saint-Clair et le joli vallon de la Rochette , en Savoie, puis les restes de la tour d'Avallon qui domine Pontcharra ;

10° Le fort Barraux , si célèbre dans l'histoire du Dauphiné , et dont l'accès doit être bientôt facilité par la construction d'un pont en fil de fer entre Pontcharra et la Gâche.

Je ne terminerai pas sans faire observer que les communications entre Allevard et la vallée de Graisivaudan vont être rendues beaucoup plus faciles par la confection de la grande route qui s'embranche à Goncelin et qui vient dêtre déclarée départementale ; déjà les travaux sont commencés, et l'on a reçu l'assurance qu'ils seraient suivis avec toute la célérité possible.

Plusieurs voitures publiques entretiennent des relations quotidiennes entre Grenoble et Allevard.

www.ingramcontent.com/pod-product-compliance
Lightning Source LLC
Chambersburg PA
CBHW070218200326
41520CB00018B/5693